唤回狼群

捕食者如何挽救生态系统

[加] 裴德·伊莎贝拉 著

[加] 金·史密斯 绘

陈玉新 译

成都时代出版社
CHENGDU TIMES PRESS

目　录

黄石公园

黄石公园面积近 9000 平方千米，几乎是罗得岛州面积的 3 倍！

无心的实验

城市公园、海滩、森林、沙漠，它们有什么共同点？

这些地方都生活着很多生物，生物间彼此影响，也与**环境**相互影响。拿城市公园来说，这里可能有土壤、树、草、灌木、花、昆虫、灰松鼠、鸟和人。它们中的每一个都和另一个有关联。它们都是城市公园**生态系统**的一部分，而生态系统是生物与非生物彼此联系的网络。

这个公园里的每个成员都会影响其他成员。例如，没有土壤就不会有树，而没有树，灰松鼠去哪里找坚果吃？它们在哪里做窝？鸟又在哪里筑巢？

如果把昆虫从这个公园里带走，花靠什么给它授粉？鸟吃什么？动植物尸体靠什么分解？

要是打理公园的人离开了，公园生态系统又会怎么样呢？

生态系统中的任何一部分消失，整个生态系统都可能发生变化。

有没有一个简单的实验来证实这一切呢？比如从生态系统中带走一名重要成员，看看这个生态系统会发生什么变化。

这个实验还真有。但它并不是人为设计的实验，而是在黄石公园真实发生过的。

1872 年建立的黄石公园是一个复杂的生态系统。公园里的生物大小悬殊，形态各异。有的毛茸茸，有的长鳞片；有的固定在一处，有的可以随处移动。所有植物、动物都是这个生态系统的一部分。它们都是直接或间接影响彼此的"邻居"。

然而有一天，有一个"邻居"失踪了，并且失踪了 70 年。这个"邻居"就是狼。

驯服荒野

19 世纪末，美国政府出资悬赏猎杀，鼓励人们猎杀那些顶级的捕食者：美洲狮、灰熊、狼。目的是驯服美国西部荒野，清除这个养牛业中心的牲畜所面临的威胁。结果，大量的狼被猎杀。到 1926 年，黄石公园的狼无一幸存。

狼是一个关键种。关键种缺失会通过直接和间接两种方式影响生态系统。

在黄石公园，狼以马鹿为食，狼的消失对马鹿有直接影响。但狼也间接影响许多生物和非生物，前者如白杨、**鸣禽**、昆虫，后者如土壤和河岸。

缺失的一环

狼是顶级捕食者。如果生态系统失去如此重要的一员，很多其他生物就会受到间接影响，从而引发连锁反应。这种连锁反应叫作"营养级联"。营养级联也会反向发生作用，即恢复缺失的一环同样会引发连锁反应。

狼的直接和间接影响

狼

郊狼①

马鹿

美洲野牛

灰熊

渡鸦等食腐动物

白靴兔等小型哺乳动物

叉角羚

浆果

小河

草木

河狸

鸣禽等鸟类

昆虫等无脊椎动物

直接影响

间接影响

① 郊狼是犬属郊狼种，本书中提到的"狼"是灰狼的简称，是犬属灰狼种。因此，郊狼与狼是不同种类。——编者注

食物网

在黄石公园的生态系统中，狼是位居**食物链**顶端的顶级捕食者。食物链即一种生物体以另一种生物体为食，它们之间构成一种线状联系。这种线状联系即可以用一幅简单的图画来描绘：

狼

马鹿

植物

食物链相互交织，构成了**食物网**。黄石公园的食物网由数百个物种构成，右图画出了其中几种。

没有狼，黄石公园的几条食物链就发生了断裂，导致该公园的食物网发生一系列变化。

没有狼，而且熊和美洲狮的数量也变少了，那么，这些捕食者的猎物所面临的风险也就更小了。例如，黄石公园的狼有助于控制公园内马鹿的数量，如果公园内没有了狼这样的捕食者，马鹿就会越来越多。由于马鹿是植食动物，它们消耗的草木量就超过了以往。

如果一个地方的植食动物太多，当它们不断啃食植被时，最终会改变这个地方的景观。

大自然的力量

请记住，其他自然力量也会影响生态系统，比如气候和天气，以及它们的变化。

狼

美洲野牛

马鹿

草

黄石公园食物网（局部）

郊狼

渡鸦

灰熊

囊地鼠

老鼠

白靴兔

河狸

木本植物

浆果

沉寂的山谷

让我们回到 1995 年。那时，经常有 300 到 500 头马鹿聚在黄石公园北部山脉的谷底吃草，马鹿群的马鹿数量很少能达到几百头，但此时黄石公园里，这种有蹄动物实在太多了——至少有 20000 头，比 1968 年黄石公园里的马鹿总数增加了 4 倍多。

于是，这片土地上不再有丰富多彩的乐曲。荒野"舞池"里本该有小鸟婉转的歌声，有小动物在灌木丛中踩出的急促鼓点，有大型食肉动物用怒号低吼配上的和声。但这些声音一个接一个地消失，就像乐队成员一个接一个地停止演奏，最终导致音乐渐渐停歇。

某些植物，比如填补"舞池"空白的桂竹香，要么枝叶很稀疏，要么发育不良。一些老树长得很高，但很多柳树、

杨树只长到了蹒跚学步的孩子那么高。浆果丛挣扎着长出地面，结出的果实却寥寥无几。

　　小河边的步道上尘土飞扬。零星的灌木和矮树紧贴河岸，枝叶垂落在水面上。头上没有遮天的绿荫，脚下也没有茂盛的、可以固着沃土的青草。山谷犹如裸露在天空下，显得异常奇怪。

黄石公园的一切都变得不正常了：树木纤细得站不直，土地都被草丛占据，小河又深又直，而不是浅而蜿蜒。目之所及，一片萧索。

但公园里的这一切，都即将改变……

狼的肖像

狼属于犬科，同一科的动物还有郊狼、狗和狐狸等。

狼是食肉动物。食肉动物上下颌后部有几颗特别大的牙齿，叫作裂齿，也叫"食肉齿"，可以锁定、压碎、切入、割断进而撕裂肉体。裂齿还有自锐能力——这种特殊牙齿上下两两相错，食肉动物闭嘴时，裂齿就会像剪刀的双刃那样交错咬合。

裂齿

在黄石公园里，雄狼的平均体重在 35 ～ 59 千克；雌狼较小，平均体重在 32 ～ 50 千克。

狼的眼睛大多为黄色，内眼角下垂。它视觉敏锐，可以准确定位猎物，哪怕奔跑时也能紧盯猎物。

口鼻部长而宽，这让狼的嗅觉非常敏锐。

耳朵轮廓呈三角形，直立着以增强听力。

狼的毛色有黑色、棕色、米色，甚至白色。但大多数狼的毛色是棕黄色，带有灰色、白色或黑色条纹。

狼想要表现出威胁性时，会竖起肩部的长毛。

外层毛下面有一层更密的毛，可以御寒。

毛茸茸的长尾巴有助于狼在快速变向时保持身体平衡。尾巴既能帮助它与同类交流（比如摇尾巴表示友好），又能在睡觉时给自己保暖。

狼的胸部不像狗那么宽，而是较狭窄，非常有利于提高奔跑速度和耐力。

脚趾之间有点蹼，上面全是坚硬的毛，既可以保暖，又可以增加与地面的摩擦力。

狼小跑的速度和人类慢跑的速度相近，为每小时 8 ～ 10 千米，而追逐猎物时，它的时速可达 55 千米。

狼群生活

狼非常重视家庭。

一个狼群就是一个家庭，成员数在 3 ～ 20 只。和人类家庭一样，狼群大小没有一定之规。一个典型狼群由一对夫妻及其最近 4 年内生下的后代组成。这个多代共处的家庭常常作为一个团队一起捕猎，以强大的捕猎技能相互配合。

两个"家长"领导狼群，必要时分工合作。虽然雌狼和雄狼都会捕猎和保护狼群，但雌狼通常留在狼窝附近照料幼崽，尤其是哺乳阶段，雄狼会为它们提供食物。雌狼平均一窝产崽 5 只左右，但并非所有幼崽都能活下来。

幼崽未成年时服从哥哥姐姐，成年后服从父母，也就是这个狼群的家长。然而，狼崽会在 10 个月到 4 岁之间的某个时候脱离狼群，寻找其他离家的狼。在理想的情况下，离家的狼崽们会彼此结合，生儿育女，建立自己的团队；也可能加入另一个狼群。如果一个狼群中的父亲或者母亲去世，一只与这个狼群没有任何血缘关系的成年狼会作为继父或继母加入这个狼群。

世界各地狼群的内部制度都一样，但它们捕食的猎物则因群体而异。狼学到的捕猎和进食行为取决于可供其捕捉的猎物。

狼筑窝时会将地点选在陡峭的山坡或河岸边——只要那里有水可以让哺乳的雌狼喝，有灌木可以遮住阳光并让春天出生的幼崽藏身。任何栖息地的狼群都会反复使用一个好窝。比如北极有一个狼窝，一个又一个狼群曾在那里栖身，前后长达 700 年！

释放狼群

　　到 20 世纪末，科学家和生态保护主义者认识到，顶级捕食者是维持生态系统健康的关键。他们知道黄石公园需要那个曾经的顶级捕食者——狼。

　　他们也知道，黄石公园需要的是那种已学会捕食马鹿的狼。

　　于是，在一个专家组的安排下，黄石公园用 3 年时间从美国的蒙大拿州和加拿大的艾伯塔及不列颠哥伦比亚两省引进了 41 只狼。这些狼主要以捕食马鹿为生。

　　专家组给了这些狼一些时间来适应，然后在公园北部将其放生。

　　起初，马鹿并没有发现它们的身边有了新的危险。

捕笕者来了

一头雌性马鹿在雪原上漫步，浅褐色的头垂向地面，啃食树苗的嫩芽。不远处，另一头浅褐色马鹿将头伸向地面，大口嚼着树枝，这头马鹿的肚子鼓鼓囊囊的。幼年马鹿缩在成年马鹿身边，整个马鹿群都在闲聊。事实上，马鹿很依赖声音交流——它们用哞哞声时刻保持联系。

一只狼在山坡上出现，迎风闻着猎物的气味。另一只狼随后出现在它身边。然后又来了一只。接着是第4只、第5只。5个猎手动作一致。它们扫视现场，那些浅褐色的猎物离它们是如此之近，对危险浑然不觉。

狼群对这个地方很陌生，却熟悉白雪、群山、晴空和猎物。而且，和它们过去的家乡一样，这里的冬天也是捕猎的最佳时节，因为此时的马鹿最为虚弱。

狼群飞奔起来，犹如冰天雪地中隐约跃动的黑斑和灰斑。它们瞟了一眼现场最大的猎物——那是一头雄性马鹿，肉很多，但它头上那对致命的锐利鹿角颇具威胁。雄性马鹿只要瞄准时机，就能用鹿角一举刺穿一个猎手，或是狠狠一脚把猎手踢成重伤。

但狼群还有很多其他马鹿可以选择。它们从没在一个地方见过这么多猎物。

鹿肉大餐

马鹿在春天和夏天主要吃草。到白雪覆盖大地时，黄石公园的马鹿就会前往北部山脉，去那里啃食树枝、树皮和小树苗。

相比健康生态系统中的马鹿，1995年黄石公园里马鹿的平均年龄大了几岁，其中一些有20多岁——对马鹿来说，这个年龄已经很老了。这些年迈猎物的生存空间很拥挤，因而狼群更容易捕猎成功。

20世纪90年代后期，全世界狼群食物最丰盛的地方莫过于黄石公园。在将狼群放归黄石公园的头10年里，北部山脉每只狼每年要捕杀包括幼年马鹿在内的马鹿18～22头。也就是说，当时在黄石公园度夏的超过20000头的马鹿中，每年大约有近1000头会命丧狼口。

随着黄石公园的马鹿数量减少，公园里的树木发生了令人惊讶的变化。

狼

马鹿

草　　　　　　　　白杨树叶和柳树叶

熊来了，当心！

马鹿还要提防另一个捕食者——熊。有许多刚出生的马鹿活不到一岁，因为在它们过一岁生日之前，熊就已经开始捕食它们了。

一些熊开始捕食幼年马鹿，是因为它们失去了一种心爱的美食——割喉鳟。狼群回归前不久，黄石公园水域出现了外来物种湖鳟。湖鳟吃割喉鳟，而熊很难捉到湖鳟，因为它们比割喉鳟游得更深。不仅如此，熊是杂食动物，它们的生存也依赖植物提供的果实，尤其是浆果。然而，马鹿年复一年地吞吃浆果，**干旱**又导致浆果丛减少。没了鱼和浆果，熊只得去寻求另一个容易下手的目标——马鹿的幼崽。

大自然的力量

最终，狼群杀死的马鹿变少了，但狼群的食肉量却没怎么变。这是什么导致的呢？答案是气候变了。

从2000年开始，黄石公园发生严重旱灾。干旱令植物受害，使得植食动物的食物减少，植食动物也成了受害者。比如，雌性马鹿营养不良，生育量减少；体形大、肉量多的雄性马鹿因缺乏营养而变得虚弱，更容易成为狼的猎物。结果，狼群捕食的马鹿总数虽然减少了，但雄性马鹿给狼群提供的肉量却增加了。

森林的转变

　　随着回归黄石公园的狼群开始建立领地并捕杀马鹿，森林慢慢做出了回应。

　　黄石公园约有 80% 的面积是森林。8 个针叶树种覆盖了整个地区，还有少量落叶乔木和灌木。山顶附近是寒冷多风的高海拔区域，主要树种为云杉和冷杉。

　　山顶以下主要是连绵的扭叶松林。再往下，花旗松遍布山坡，与白杨、草地和山艾丛共处。在山谷地带，土地与河流交界的湿润地方，柳树、杨树快乐生长。这些地带是野生动物的重要栖息地。

　　例如，以往各个山谷里都有河狸行走或游动，它们通过啃食白杨和柳树的内层树皮获取营养，又用树枝筑坝。1953 年，北部山脉有 8 个河狸群，但在引入的狼群向整个地区扩散前的那几年，河狸已难得一见了 —— 这种大型啮齿动物大多已离开了这里，因为经过了几十年，这里已经没有多少树木可供它们筑坝了。

　　而马鹿群却壮大起来，它们不但吞噬残存的白杨、柳树冒出的新芽，连小树苗都不放过。它们无可阻挡，不停啃树，种群规模越来越大。

　　狼群在建立领地的过程中继续推动黄石公园的转变。马鹿变得更谨慎，迁移更频繁，进食方式也发生了变化。还有很多马鹿被新捕食者猎杀。总体上说，狼群回归黄石公园后，吃植物的马鹿减少了，更多幼苗长成了树，更多树长到了正常高度。

　　随着公园的植物茁壮成长，这片栖息地对各种各样的动物都产生了吸引力。

狼　　马鹿　　河狸　　草　　白杨树叶　　柳树叶

大自然的力量

森林时常会发生火灾。一场林火会吞噬很多**针叶树**，为白杨和白皮松等其他更老的大树创造生长机会。不过，黄石公园几十年来都在尽力扑灭林火，这同样改变了生态系统。

为了增加体重，顺利度过冬天，灰熊要寻找高脂食物，但森林没了林火，白皮松的数量随之减少，灰熊能找到的松子也更少了。而且气候变化令冬天变得更温暖，松甲虫得以大量繁殖，这对白皮松也是一大打击。

1972 年，黄石公园采取了任由林火燃烧的策略。1988 年该公园遭遇了有记录以来最大的一次林火，从 6 月烧到 11 月。这场大火在不同方面影响了公园的生态系统和食物网：穴居啮齿动物是火灾的受害者，植物却从中受益。

美洲野牛还是老样子

远远看去，似乎有一团团黑色污迹飘过绿、黄、棕三色错杂的毯子。一阵低沉的哞哞声传来，夹杂着喘息声和鼻息声，约 200 头美洲野牛一边低语，一边在山谷里缓步穿行。

牛犊欢跳雀跃，一会儿尥蹶子，一会儿打闹，跟着身披长毛的母亲穿过山谷。褐头牛鹂从地上飞起来，嘴里叼着从牛蹄印里捡来的死虫子。喜鹊落在高耸的牛肩上，啄食牛皮毛里的害虫。

母牛提防着捕食者。它们低头吃草，边走边吃，边吃边走，同时还用眼睛、鼻子、耳朵探察着周围的一切。在与狼群的较量中，就算牛群往往能赢得战斗，但狼毕竟是一大威胁。

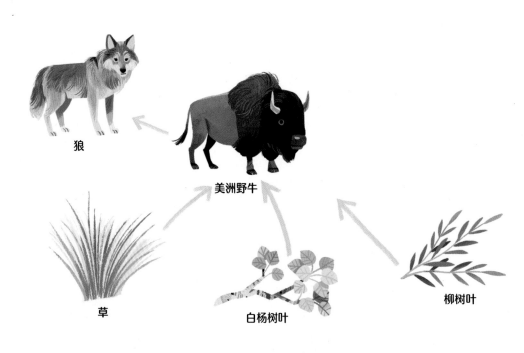

狼

美洲野牛

草

白杨树叶

柳树叶

美洲野牛是北美洲最大的陆生动物，主要以草为食。它们是无畏而危险的重量级角色，体重在 500～1000 千克。对于狼群来说，捕猎这样一头巨兽确实能饱餐一顿，但也会让自己身处险境。捕猎一头美洲野牛，狼得时刻小心，避免在战斗中被美洲野牛的利角捅伤或被它们有力的蹄子踢中。

美洲野牛跑得很快，最高时速可达 55 千米，和狼一样。它们见到狼往往不会退缩，而是以硕大的头颅和强健的肩膀威逼对方。一旦双方陷入苦战，狼群可能要花大半天才能取胜——前提是它们能赢。一般来说，狼捕获美洲野牛的概率只有 10%～15%，它们吃到的美洲野牛肉有 25%～30% 是现成的死尸而非自己的猎物。

在狼群回归，马鹿数量锐减之后，黄石公园的美洲野牛群就有了更多草、灌木、树枝和树皮可吃。公园将美洲野牛数量稳定保持在 5000 头左右——如果狼链而走险，想从吃鹿肉改吃牛肉的话，这些美洲野牛足够它们享用。

大自然的力量

气候变化带来了黄石公园的动物不曾经历过的温暖冬天。美洲野牛在暖冬里吃得更好，使得它们的数量得以增长。

处于食物链中层的犬科

几只狼飞快地跑过谷底，这次是因为风中有种气味令它们愤怒。山谷另一侧的山脊上，几只成年郊狼发现了狼群。郊狼没有逃开，而是坚守阵地，发出哀号。它们在守卫山脊侧面的一个入口，入口通往的小洞就是它们幼崽的藏身之处。

狼群毫不理会郊狼的号叫。它们可不怕这些小个子"表亲"。它们攻势迅猛——扑击、撕咬，怒吼声四起。15分钟后，战斗结束，郊狼输了。狼群刨开郊狼窝，杀死了郊狼幼崽。

黄石公园生活着三种犬科动物：狼、郊狼和狐狸。狼群容不下郊狼群。栖息地、猎物有重叠时，犬科动物就会相互竞争。狼力压郊狼，而郊狼又力压狐狸。

相对于占据食物链顶端的狼，郊狼和狐狸处于食物链中层——它们是中型捕食者，体形中等，既是捕食者，也是猎物。它们虽然以食肉为主，但肉只占其食物的50%～70%。它们食性广泛，除了肉类，还吃真菌、水果和其他植物。

中型捕食者在无须担心顶级捕食者的时候，种群会扩张，行为也有所不同。它们不必提防遭到捕食，因而会吃掉更多猎物。这种情况下，小型动物的数量和种类都会减少。中型捕食者过多，会导致食物网破损，这叫"中型捕食者获释假说"。不只是黄石公园，美国西部各地都曾出现这种情况——一旦狼消失，郊狼就会"获释"，摆脱顶级捕食者的控制。

郊狼在长达70年的时间里不用担心顶级捕食者对它们的威胁，在黄石公园逐渐发展壮大。它们集结成群，恣意捕食白靴兔和地松鼠、囊地鼠、鹿鼠等啮齿动物，就连蚂蚱都会成为它们的点心。

狼重新成为黄石公园的顶级捕食者以后，就把郊狼赶回了食物链中层。10年之内，狼群就消灭了北部山脉一半的郊狼。很多郊狼死于狼口，但也有一些离开去寻找更安全的栖息地，远远躲开它们的大个子犬科"表亲"。

黄石公园里郊狼的减少可能也对公园里的猛禽产生了有趣的影响。

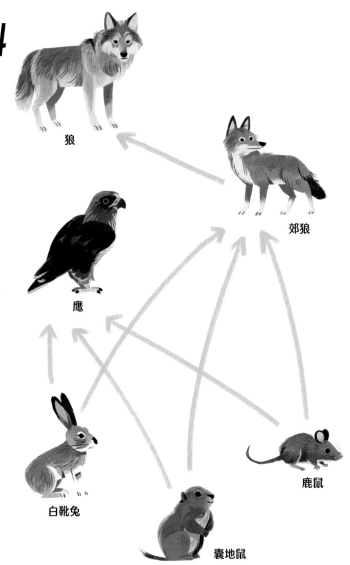

狼

郊狼

鹰

白靴兔

囊地鼠

鹿鼠

狼群回归后，黄石公园最小的犬科动物赤狐也感到了变化。狼群出没之处，赤狐受到的郊狼的威胁减小。除非食物匮乏，否则狼群较少以赤狐为猎物。因此，狼群归来之后，更多的赤狐得以在黄石公园的森林里和草地上欢快地奔跑。

空中猎手

黄石公园的食物网正在修复。

啮齿动物身边的威胁——猎杀它们的郊狼——少了，它们的数量就多起来了。狼群回归，威胁到它们的小个子"表亲"郊狼，于是小型哺乳动物暂时摆脱了被吃掉的命运。

这些变化逐渐形成一张新的食物网，吸引了其他动物来到黄石公园。

捕猎的郊狼变少之后，鹰、雕、猫头鹰等猛禽察觉出了变化。猛禽需要捕捉能一口吃下的小动物，灌木丛里越来越密集的沙沙声引起了它们的注意。一只红尾鹰可能会敏锐地盯上一只在开阔草地上飞跑的田鼠。一只大角猫头鹰可能会攻击一只从洞里钻出来的老鼠。树冠上开始出现越来越多的猛禽窝。

狼群回归之后，感到生活更加惬意的鸟类不只是猛禽。

鹰

雕

猫头鹰

白靴兔

囊地鼠

鹿鼠

金雕赴宴

金雕是这张新的食物网中一位有趣的成员。这种翼展可达 2 米的猛禽通常栖息于高山、草原、荒漠、河谷和森林地带，以捕食时俯冲速度高达每小时 240 千米而闻名天下。黄石公园的大多数金雕领地位于海拔很高、群山连绵的北部山脉。科学家认为，当地金雕种群增长的原因是，1995 年之前严冬里死去的大量马鹿为它们提供了充足的食物。

那么，狼捕猎后留下的腐肉够金雕吃吗？没人说得准。在黄石公园，金雕的食物种类很丰富，除了腐肉，它们还以其他猎物为生，如幼鹿、蓝鸲、叉角羚、猫头鹰。这里伙食够好，足以吸引金雕在寒冬时节从遥远的阿拉斯加赶来，因为冬天是黄石公园的狼最活跃的时候。

大自然的力量

环境的其他变化也影响了小型动物。干旱令食物更加匮乏。而且，死于林火的啮齿动物比其他哺乳动物多，因为它们常常在大火席卷家园时死于窒息。不仅如此，1988年的那场大火之后，在被烧得光秃秃的土地上躲避捕食者变得更难了。

但小型动物繁殖迅速，因而常常能在自然灾害过后快速恢复种群规模。

羽翼冤家

　　长着黑色羽毛的渡鸦在高耸的松树顶上注视着下方的捕猎场景。或许，就是渡鸦把狼群引到了马鹿群的位置。

　　当马鹿咽下最后一口气时，几只喜鹊率先振翅落地，那黑白两色搭配蓝绿光泽的艳丽羽衣与山艾丛的背景形成强烈对比。喜鹊是狼群猎杀现场的常客，它们跳来跳去，壮着胆子凑近抢肉吃。渡鸦似乎把喜鹊当成了"御用试吃官"，用它们来测试吃肉的时机是否恰当。

　　狼群回归黄石公园让渡鸦大饱口福。渡鸦的喙啄不穿马鹿的皮，更不用说美洲野牛的皮，而狼的利齿却能撕开厚皮，为渡鸦省事。狼每次进食时，会有几十只渡鸦在猎物的尸体上方盘旋，或者干脆冒险待在狼的身边。一旦瞅准时机，它们便冲到尸体上偷一条肉，带着"战利品"飞上天。由于渡鸦每次只偷一点，狼对它们根本不屑一顾。但积少成多，算下来，渡鸦会吃掉猎物 1/3 左右的肉量。

　　公园里还有很多其他动物从狼的猎杀中受益。

捣蛋的渡鸦

　　狼可能从来不知道生活中没有渡鸦骚扰的滋味。渡鸦会折腾幼狼，比如啄它们的尾巴，然后不等它们抓住自己就飞走；或是抓着一根木棍逗逗幼狼，让它们跳起来够木棍。

　　渡鸦几乎是狼群的一部分。但每隔一段时间，就会有只倒霉的渡鸦在捣蛋时因为离狼太近而被抓住杀死。

狼

渡鸦

马鹿

棕毛巨兽

狼群和一众小跟班对着猎物大快朵颐，直到另一个捕食者循着气味走向它们。面对这头毛茸茸的棕色巨兽——灰熊，所有动物都四散逃开，就连狼也一样。

这头灰熊很饿。春天来了，它几个月没吃东西了，早已饥肠辘辘，需要补充能量。它不怕狼群。事实上，它要是饿极了，完全能靠自己的块头儿和勇敢击退20多只狼，成功抢走猎物。

就像渡鸦躲躲闪闪地进行"狼口夺肉"一样，狼群也围着灰熊跳来跳去，想抢回一些自己的猎物。但每一次获胜的都是灰熊。它会躺在猎物尸体上守卫猎物。

临近冬天时，灰熊只有一个念头——存储更多的能量来过冬。它们会从风中捕捉新鲜猎物的气息，于是上面那一幕会再次上演。狼群帮助灰熊在这个重要时期补充身体急需的脂肪。如果周围有数量稳定的狼群，灰熊通常会获得更多的能量。

不仅如此，狼群还以一种更间接的方式帮助黄石公园的另一种熊——黑熊。这得从黄石公园的昆虫种群说起。

小虫登场

　　灰熊和较小的**脊椎动物**瓜分猎物尸体后，无脊椎动物就登场了。据统计，猎物残尸上能找到的甲虫就有 50 多种，还有成千上万种其他昆虫和**分解者**（如螨虫、细菌和真菌）。猎物骨架一旦被清理干净，就会在地上躺很多年。骨架下面的土壤里的植物养分（如氮、钾、磷）会变得更丰富。很多年后，地上会长出更多草、灌木、树木，以及其他植物，而且会长得更繁茂。

　　所有这些变化还会催生另一个惊人的现象——公园里的声音变了。

浆果是黑熊的重要食物。土壤肥力提高，加上吃灌木的马鹿数量减少，最终使得灌木丛更加繁茂，结出更多浆果。黑熊体形比灰熊小，它们靠黄石公园里诸如花楸、美洲稠李、蔓虎刺和美洲越橘之类的浆果来补充能量过冬。狼群回归、马鹿减少之后，熊粪里出现的浆果籽数量翻了一番。可以说，狼群回归让黑熊吃上了更多的浆果。

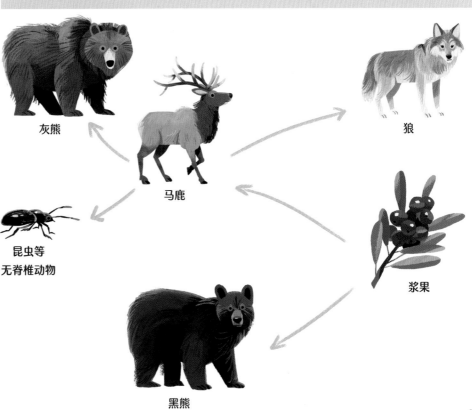

灰熊

马鹿

狼

昆虫等
无脊椎动物

浆果

黑熊

山谷再次传出歌唱声

当年的捕猎现场附近上空，如今到处是蝴蝶、飞蛾、苍蝇、蜜蜂等飞虫的轻柔嗡嗡声。更多的开花浆果灌木吸引这些传粉者留在此处，而这一切又引来了鸣禽。

有些鸣禽吃浆果，有些鸣禽吃昆虫。昆虫在栖息地的角落和地面缝隙中爬行，长着翅膀的昆虫还会在花丛中翩翩起舞。有的鸟叼走慢慢爬上细枝的毛毛虫，有的鸟啄食浆果和在灌木周围爬行的昆虫。

伴着低沉的哗哗声，茂密的灌木丛中闪过一道亮黄色。鸣禽黄喉地莺长得有点像个戴着黑色面具的强盗。它在落叶里钻来钻去，寻找美味多汁的昆虫幼虫，以及蚂蚁、白蚁和甲虫。

吸引小鸟回来的不只是美餐。由于马鹿数量减少，或许还有雨水增加的原因，柳树、白杨都长大了——鸣禽喜欢在树上筑巢——雄性黄喉地莺在微风中发出啾啾啾的叫声，希望自己的叫声能传到雌鸟耳中，吸引雌鸟到来，它们好一起在灌木丛间的地上做窝。一段高亢的旋律宣示了雄性歌绿鹃的存在，它们在柳树高处的窝里唱歌。绿叶间处处是歌声。歌带鹀、黄莺、柳纹霸鹟在交配、繁殖以及守窝护卵时也会鸣叫和歌唱。

随着岁月流逝，黄石公园的土地上突然传出一个很久以前人们熟悉的声音：啪！这是河狸用尾巴拍打河面的声音。假如柳树有耳朵，定会把这声音当作动听的旋律。

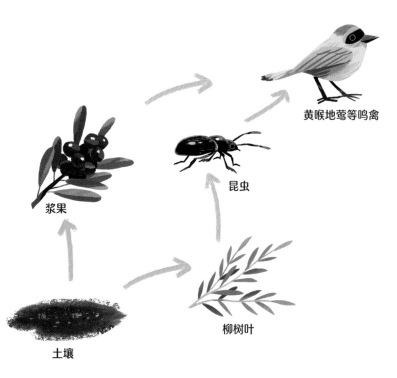

黄喉地莺等鸣禽

昆虫

浆果

柳树叶

土壤

河狸归来

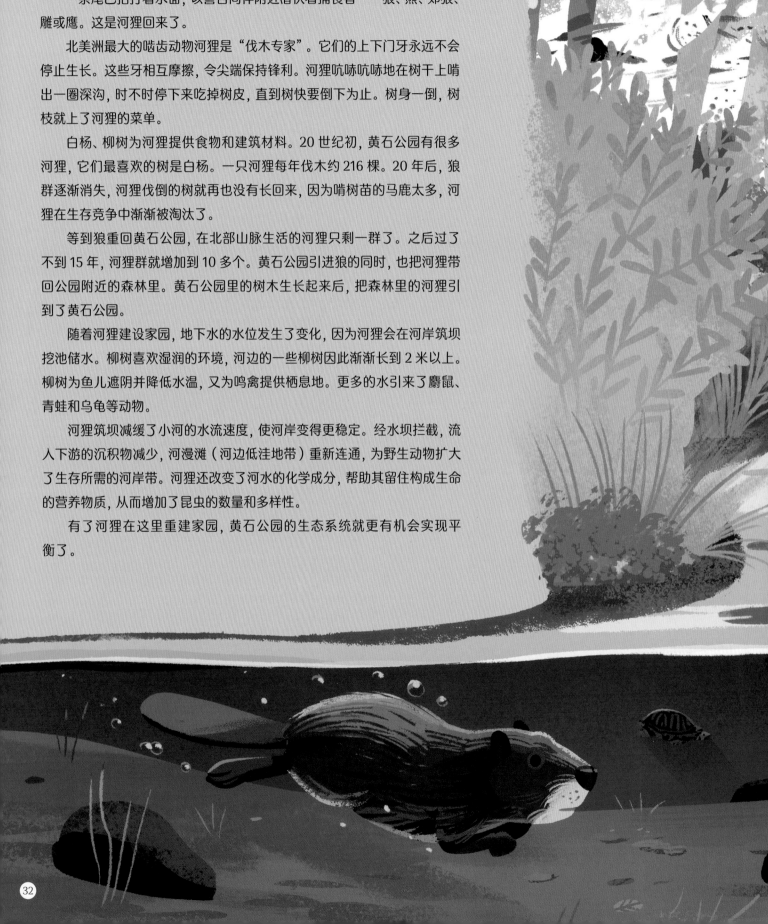

一条尾巴拍打着水面，以警告同伴附近潜伏着捕食者——狼、熊、郊狼、雕或鹰。这是河狸回来了。

北美洲最大的啮齿动物河狸是"伐木专家"。它们的上下门牙永远不会停止生长。这些牙相互摩擦，令尖端保持锋利。河狸吭哧吭哧地在树干上啃出一圈深沟，时不时停下来吃掉树皮，直到树快要倒下为止。树身一倒，树枝就上了河狸的菜单。

白杨、柳树为河狸提供食物和建筑材料。20 世纪初，黄石公园有很多河狸，它们最喜欢的树是白杨。一只河狸每年伐木约 216 棵。20 年后，狼群逐渐消失，河狸伐倒的树就再也没有长回来，因为啃树苗的马鹿太多，河狸在生存竞争中渐渐被淘汰了。

等到狼重回黄石公园，在北部山脉生活的河狸只剩一群了。之后过了不到 15 年，河狸群就增加到 10 多个。黄石公园引进狼的同时，也把河狸带回公园附近的森林里。黄石公园里的树木生长起来后，把森林里的河狸引到了黄石公园。

随着河狸建设家园，地下水的水位发生了变化，因为河狸会在河岸筑坝挖池储水。柳树喜欢湿润的环境，河边的一些柳树因此渐渐长到 2 米以上。柳树为鱼儿遮阴并降低水温，又为鸣禽提供栖息地。更多的水引来了麝鼠、青蛙和乌龟等动物。

河狸筑坝减缓了小河的水流速度，使河岸变得更稳定。经水坝拦截，流入下游的沉积物减少，河漫滩（河边低洼地带）重新连通，为野生动物扩大了生存所需的河岸带。河狸还改变了河水的化学成分，帮助其留住构成生命的营养物质，从而增加了昆虫的数量和多样性。

有了河狸在这里重建家园，黄石公园的生态系统就更有机会实现平衡了。

修复食物网

生态系统一经改变，就难以恢复如初，恢复后，和之前相比，差异即使不大，也总会存在。

毫无疑问，狼群重返黄石公园有助于重建健康的生态系统。然而，要想充分理解黄石公园里众多生物之间的关系，以及气候变化这样的自然力量如何影响一切，还要研究很多年。

观察并解读黄石公园的生态变化就是实时观察大自然的力量如何发挥作用。我们可以把黄石公园想象成一只巨大的蜘蛛，它正在一片假想的森林里修补一张破损的巨大蛛网。某天会出现几根蛛丝，一年后又多了几根。但很难说蜘蛛下一步会在哪里吐丝，以及为什么在那里吐丝。蜘蛛辛勤工作，以一种有效的方式编织蛛网。蛛网或许每年都有变化，但基本框架始终如一。蛛丝有时出现，有时消失，但蛛网在不断增大。

狼在黄石公园繁衍生息。多年以来，它们组建狼群，狼群间相互冲突。旧狼群解体，新狼群兴起。诞下幼崽后，狼群又竭尽全力保护幼崽免遭熊、美洲狮甚至郊狼的侵害。

幼崽玩耍，并向长辈学习捕猎。幼崽长大后，它们的子孙又向它们学习捕猎，循环往复。最终，狼的种群将在大自然中实现平衡。

重返公园 25 年后，如今大约有 500 只狼在黄石公园的生态系统中游荡，并在食物网中占据一席之地。狼充当着顶级捕食者的角色，帮助生态系统实现平衡。不过，或许更重要的是，对狼的研究展现了生态系统何其复杂，生态系统中的众多生物之间的相互关联何其密切，也揭示出生态系统各要素之间那种种不为人知的联系。

术语表

分解者: 细菌、真菌和某些营腐生生活的原生动物以及其他小型有机体。

干旱: 降水量少, 不足以满足适量的人口生存和经济发展需要的气候现象。

环境: 围绕人类生存和发展的各种外部条件和要素的总体。在时间与空间上是无限的。分为自然环境和社会环境。

脊椎动物: 动物界最高等的类群。体内有由许多脊椎骨连接而成的脊柱, 并有发达的头骨。

无脊椎动物: 脊椎动物以外所有动物的总称。主要特点是在身体中轴无脊椎骨所组成的脊柱。占动物总数的绝大部分。

裂齿：亦称"食肉齿"。犬、狼、虎、猫等食肉目动物上颌的最后一个前臼齿和下颌的第一臼齿。因其特别发达，并有尖锐的齿尖，两齿上下咬合，适于撕裂肉类食物，故名。

鸣禽：鸟类的一个类群。大多体态轻捷，善啼鸣，巧营巢。如画眉、百灵、黄莺、相思鸟、金丝雀等。

生态系统：生物群落及其物理环境相互作用的自然系统。

食物链：生物群落中，各种动植物和微生物彼此之间由于摄食的关系（包括捕食和寄生）所形成的一种联系。

食物网：一个生物群落中许多食物链彼此相互交错联结的复杂营养关系。

针叶树：在植物分类学上属于裸子植物。叶大多为常绿，针状、线状或鳞片状。

图书在版编目（CIP）数据

唤回狼群：捕食者如何挽救生态系统 /（加）裘德
·伊莎贝拉著；（加）金·史密斯绘；陈玉新译. -- 成
都：成都时代出版社，2023.7
书名原文：Bringing Back the Wolves: How a
Predator Restored an Ecosystem
ISBN 978-7-5464-3229-8

Ⅰ.①唤… Ⅱ.①裘…②金…③陈… Ⅲ.①地质－
国家公园－生态系－研究－美国 Ⅳ.①S759.997.12

中国国家版本馆CIP数据核字（2023）第018651号

书　　名：唤回狼群：捕食者如何挽救生态系统
　　　　　HUANHUI LANGQUN：BUSHIZHE RUHE WANJIU SHENGTAI XITONG
著　　者：［加］裘德·伊莎贝拉
绘　　者：［加］金·史密斯
译　　者：陈玉新

出 品 人：达　海
选题策划：北京浪花朵朵文化传播有限公司
出版统筹：吴兴元
责任编辑：程艳艳
责任校对：张　巧
特约编辑：秦宏伟
责任印制：黄　鑫　陈淑雨
营销推广：ONEBOOK
封面设计：墨白空间·王莹　黄海
版面设计：赵昕玥
出　　版：成都时代出版社
电　　话：（028）86742352（编辑部）
　　　　　（028）86615250（发行部）
印　　刷：雅迪云印（天津）科技有限公司
规　　格：216mm×279.5mm
印　　张：2.5
字　　数：32千字
版　　次：2023年7月第1版
印　　次：2023年7月第1次印刷
书　　号：ISBN 978-7-5464-3229-8
定　　价：56.00元

读者服务：reader@hinabook.com 188-1142-1266
投稿服务：onebook@hinabook.com 133-6631-2326
直销服务：buy@hinabook.com 133-6657-3072
官方微博：@浪花朵朵童书

后浪出版咨询(北京)有限责任公司　版权所有，侵权必究
投诉信箱：copyright@hinabook.com　fawu@hinabook.com
未经许可，不得以任何方式复制或者抄袭本书部分或全部内容
本书若有印、装质量问题，请与本公司联系调换，电话010-64072833